我的第一套计算机启蒙书

计算机是如何工作的

[英] 南希·迪克曼 著　　武黄岗 / 郭东波 译

甘肃科学技术出版社

图书在版编目（CIP）数据

我的第一套计算机启蒙书. 1，计算机是如何工作的 /（英）南希·迪克曼著 ; 武黄岗，郭东波译. -- 兰州 : 甘肃科学技术出版社，2020.12
ISBN 978-7-5424-2557-7

Ⅰ. ①我… Ⅱ. ①南… ②武… ③郭… Ⅲ. ①电子计算机—少儿读物 Ⅳ. ① TP3-49

中国版本图书馆 CIP 数据核字 (2020) 第 227450 号

著作权合同登记号：26-2020-0097

A Brown Bear Book
Devised and produced by Brown Bear Books Ltd.
Unit 1/D, Leroy House, 436 Essex Road, London
N1 3QP, United Kingdom

目录
Contents

我们身边的计算机

你身边有各种各样的计算机，它们形状不同，大小各异。

大型计算机可以完成复杂的工作，能预测天气，还能模拟飞行器飞行。除了大型计算机之外，还有个头比较小的个人电脑。人们可以在家里使用个人电脑。有些玩具和小的电子设备里也有计算机。

很多人使用计算机开展工作。

迷你计算机

你可能每天都用智能手机或平板电脑。这些东西实际上就是迷你计算机。它们内部有许多和笔记本电脑一样的部件。它们和笔记本电脑一样能完成很多工作。

最早的个人电脑出现于20世纪70年代。

平板电脑很适合玩游戏，也适合用来完成老师布置的任务。

什么是计算机？

计算机是一种机器，它能做很多工作。

计算机能存储数据（信息），还能找到自己存储过的数据。计算机可以执行指令寻找数据模型。你可以用计算机写报告、做编程或者发信息。

MP3 播放器里有一个小计算机，它能帮你选择歌曲。

大脑工作时跟计算机有点儿像，但是大脑比计算机更有创造力。

计算机和人脑

人们可能认为计算机超级聪明。计算机特别擅长解决复杂的问题，可它们没有大脑，没有自己的思想。它们只能根据指令来工作。

有些计算机性能强悍，我们可以教它玩国际象棋或者其他游戏。它们有时候能打败人类专家。

运行程序

无论做什么，计算机都要先收到指令才能工作。这些指令就叫程序。

每一台计算机都有一个叫“操作系统”的程序。操作系统是计算机最重要的程序。操作系统会告诉计算机如何让计算机的每个部件协同工作。操作系统控制着计算机上的每一个窗口、所有的菜单和全部图标。

color:#777;
background-color:#F9F9F9;
color:#444;
header #main-navigation
color:#b90000;
background:#F5F5F5

一个计算机程序可能由几百万行指令构成。

应用程序

你可以在计算机上安装其他程序，比如游戏和浏览器。它们就是应用程序，简称“应用”。这些应用程序可能不会预装在计算机内，你可以根据需要自己安装。

编写程序的人叫程序员。程序员能用各种不同的程序语言编写计算机程序。

智能手机或平板电脑上的每一个应用都是一个独立的计算机程序。

01

最早的计算机

现在的计算机比早期的计算机强大得多。计算机的发展经历了很长时间。

最早的计算机其实只是简单的计算器。它们通过齿轮对数字进行加减计算。它们不能运行程序。19 世纪，查尔斯 · 巴贝奇第一次设计出可以运行程序的计算机。

人们在数千年前发明了算盘，它是最早的一种计算机形式。

巴贝奇的计算机

巴贝奇发明的机器叫解析机。巴贝奇用穿孔卡片给解析机发指令。他的解析机可以解出复杂的数学题，还能把答案打印出来。可是巴贝奇并没有把它制作完，因为它太大了，也太贵了。

过去，有些人能解出复杂的数学题，人们也把这些人叫作“计算机”。

巴贝奇制作出了解析机的一个试验模块。

计算机的类型

有些计算机很大，能占满整个房间！相比之下，你在家或在学校用的计算机就小多了。

台式电脑一般有一个大机箱，机箱连着显示器。有些台式电脑的机箱和显示器是一体的。笔记本电脑比台式电脑小。它们可以合上，可以打开，就像一本书。笔记本电脑比较轻，方便携带。

台式电脑比较大，不能随身携带。

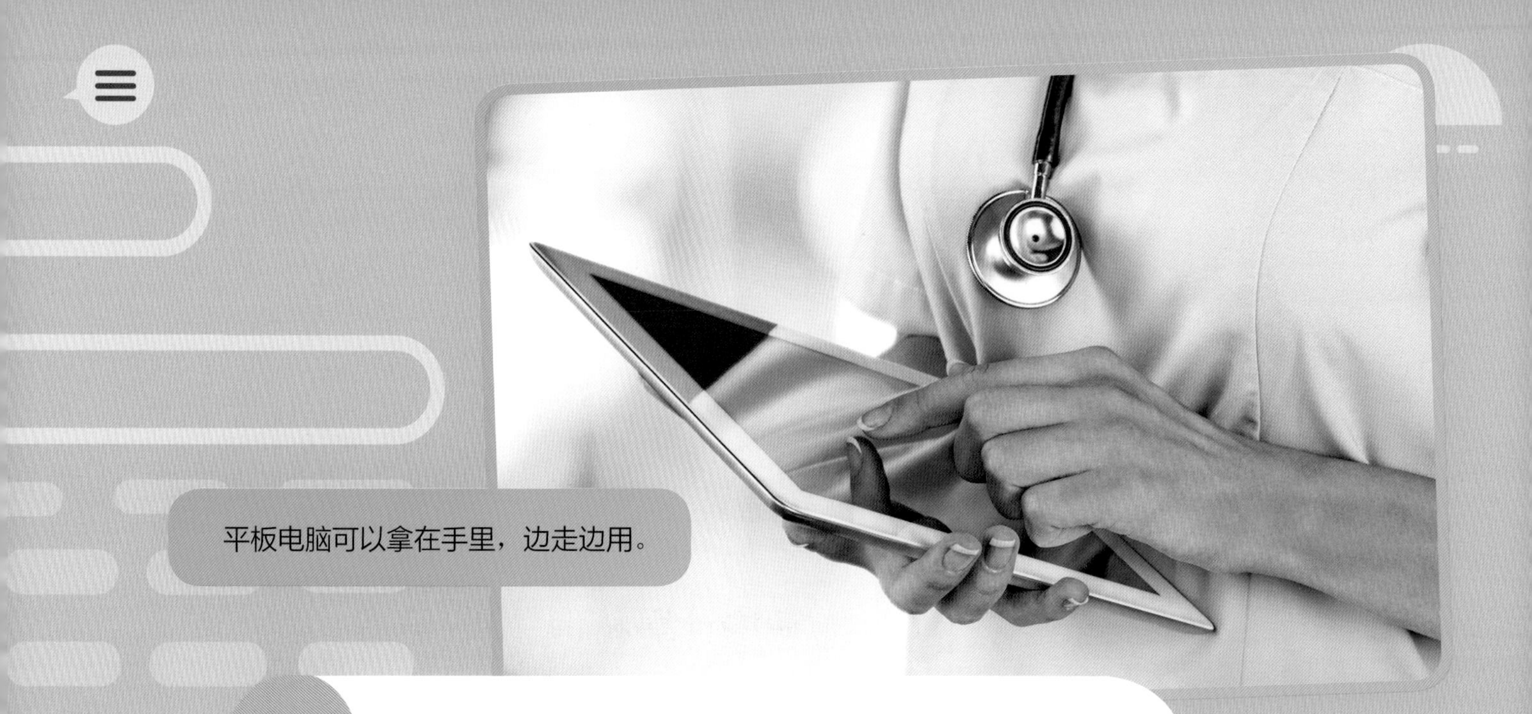

平板电脑可以拿在手里，边走边用。

小型计算机

平板电脑比笔记本电脑小。它们有触摸屏，你可以用手点击和滑动屏幕，不需要鼠标。有些平板电脑只有简装书那么大。智能手机就更小了，但它们也是计算机。

苹果公司 2010 年开始销售 ipad。

输入和输出

你用键盘打字的时候，就是在向计算机传递信息。

计算机要接收信息，也要发出信息，这就是输入和输出。

输入设备是我们给计算机发送信息或下达指令的工具。键盘是一种输入设备，鼠标也是。麦克风和网络摄像头同样是输入设备。

输出设备

计算机会向输出设备发送信息。显示器或屏幕是很重要的输出设备。它们能把计算机的信息显示出来。打印机也是输出设备。扬声器也是。

投影仪是输出设备，它可以把图像投射在白板上。

耳机也是一种输出设备，你可以把耳机插到计算机或平板电脑上。

计算机显示器

没有屏幕，我们很难正常使用计算机。

计算机屏幕可以让你知道计算机正在做什么。计算机在屏幕上显示文件和窗口。计算机屏幕可以是一个独立的设备，也就是显示器；也可以镶嵌在计算机上，比如笔记本电脑的屏幕。

现在的计算机显示器很像电视机。实际上，你也可以拿电视机给计算机做显示器！

触摸屏

有些计算机有触摸屏。你可以通过点击触摸屏、滑动触摸屏或者在触摸屏上做手势向计算机发送指令。收到指令后，屏幕就会显示计算机输出的内容。平板电脑和智能手机有触摸屏，有些笔记本电脑也有触摸屏。

过去，计算机屏幕是黑色和绿色的，现在是全彩色。

这个男孩正在使用触控笔操作触摸屏。你也可以用自己的手指操作触摸屏。

{ }

01

计算机的部件

你见过计算机的内部构造吗？计算机里面有很多部件。

设计者找到了一个方法，可以把计算机所有的部件组合在一起。大多数电子部件都很脆弱，它们需要坚硬的外壳提供保护。计算机的外壳一般用坚硬的塑料或金属做成。

橡胶保护套能给平板电脑提供额外的保护，防止掉落摔坏。

散热风扇能把冷空气吸到计算机机箱里，把热空气吹出计算机机箱。

散热

计算机运行时会产生热量。如果温度过高，脆弱的计算机部件就可能受损。多数计算机都有温度传感器。它们能感应温度，防止计算机温度过高。

台式电脑有散热风扇，可以给自己降温，有些笔记本电脑和平板电脑也有散热风扇。

主板

主板为计算机各种复杂的电子部件提供安放之所。

每一台计算机都有主板。各种各样的电子部件都安放在主板上。这样，它们才能一起工作。它们之间有电路相连，这些电路被叫作“总线”。

主板上的这些线就是电路，它们把各种部件连接在一起。

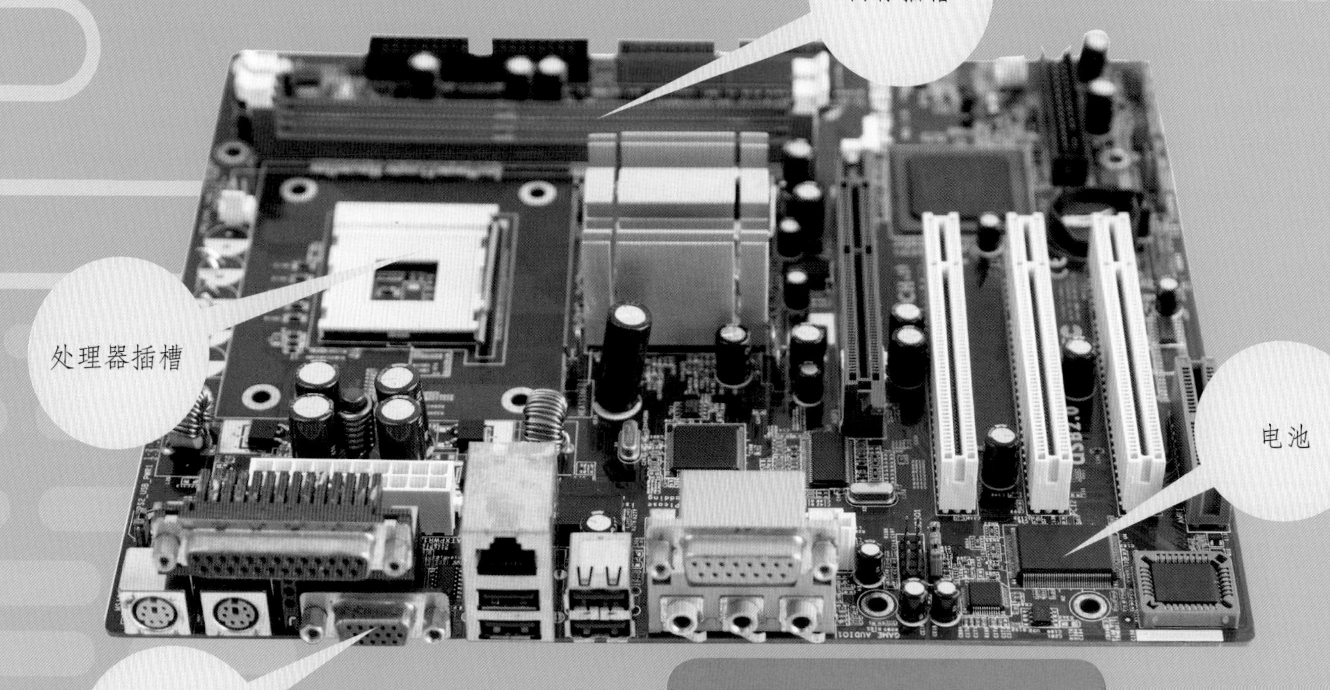

内存条和处理器都在主板上。

主板的颜色和接口

主板多数是绿色的，也有蓝色、红色或黄色的。购买计算机的时候，计算机的主要部件都已预先安装在主板上了。还有一些部件可以以后再安装。

主板也叫“PCB”，也就是“印刷电路板”。

中央处理器

中央处理器（CPU）是计算机最重要的部件。

人的大脑是整个身体的控制中心，计算机的中央处理器是整个计算机的控制中心。它可以给数据分类，也可以查找数据。它还可以运行计算。你用计算机做的所有事情都离不开中央处理器的参与。

中央处理器安放在主板上，通过主板和其他部件相连。

一次只处理一件事

你可以一边看书，一边用脚打节拍，一边听音乐。但中央处理器的核心一次只能处理一件事。它一次只能处理一个指令。但是它工作速度极快，所以我们感觉它好像在同时处理很多事。

有些中央处理器有好几个核心，这些核心可以同时工作。

中央处理器通过这些插脚与主板建立起电路连接。

内存和电源

计算机有一个很重要的工作——存储数据。

计算机一般用随机存取存储器（RAM）作为内存。它是一个连接在主板上的芯片。中央处理器工作的时候，随机存取存储器会帮它存储数据。你的文件则是被保存在硬盘里的，硬盘是计算机的存储。存储和内存并不一样。

你也可以把文件和图片储存在闪存盘里。

不用插座也可以给电池充电。太阳能充电器可以通过阳光获得能量，给电池充电。

太阳能充电器

电源

计算机需要接通电源才能工作。台式电脑要连接插座，所以要放在某个固定的地方。笔记本电脑和平板电脑有电池。一块电池能用几个小时，需要充电的时候才需要连接插座。

旧电池的电比新电池的电用得快。

01

计算机互联

很多计算机连接在一起，才能完成更多工作。

不同计算机连接在一起，可以互相分享信息。浏览网页的时候，你的计算机就在和存储网页的计算机交互。计算机还可以和你家里的其他设备连接，比如电视机。

很多网页都存储在大型计算机里，这些大型计算机被安放在服务器农场中。你的计算机和它们交互时，你就可以浏览网页。

有线连接和无线连接

有时候，计算机之间用电缆互联，电信号沿着电缆传播。有时候则不需要电缆。不需要电缆的连接叫 Wi-Fi。电信号会变成看不见的波，在空气中传播。

智能手机可以通过手机信号连接到互联网。

有些电缆用超级细的玻璃丝传递光脉冲。

小测验

完成小测验，看看你对计算机了解多少吧！
答案在本书最后一页。

1. 什么是计算机程序？

a. 是一节课，人们可以在课上学习计算机知识

b. 是一串指令，人们下达指令让计算机执行

c. 是一个无聊的电视节目，节目里只显示电脑的图片

2. 程序员是做什么的？

a. 编写计算机程序

b. 帮助间谍写秘密信息

c. 把计算机拆开，再把计算机组装上

3. 19世纪，查尔斯·巴贝奇发明了什么？

a. 一种做卷心菜的新方法，他的方法能把卷心菜做得更好吃

b. 智能手机

c. 第一台可以运行程序的计算机

4. 键盘是什么类型的设备？

a. 输入设备

b. 输出设备

c. 体育设施

5. 触摸屏有什么特点?

a. 是用很薄的钻石片做的

b. 它可以输入，也可以输出

c. 它可以用阳光给电池充电

6. 台式电脑为什么需要散热风扇?

a. 要吹走苍蝇和蚊子

b. 要保护自己的自尊心

c. 要保护自己脆弱的部件，不让它们太热

7. 主板上的部件怎么连接在一起?

a. 通过名叫“总线”的电路连接在一起

b. 通过光纤电缆连接在一起

c. 通过超级细的意大利面条连接在一起

8. 什么是服务器基地?

a. 是插在主板上的一个芯片

b. 是存放计算机的地方，那里的计算机储存着数据，性能很强大

c. 是一片农田，在那里播种芯片，能长出计算机

索引

小测验答案

1.b 2.a 3.c 4.a 5.b 6.c 7.a 8.b

我的第一套计算机启蒙书

计算机程序与编程

[英] 南希·迪克曼 著　　武黄岗／郭东波 译

1010101
10101

甘肃科学技术出版社

图书在版编目（CIP）数据

我的第一套计算机启蒙书. 2, 计算机程序与编程 /（英）南希·迪克曼著 ; 武黄岗, 郭东波译. -- 兰州 : 甘肃科学技术出版社, 2020.12
ISBN 978-7-5424-2557-7

Ⅰ. ①我… Ⅱ. ①南… ②武… ③郭… Ⅲ. ①程序设计一少儿读物 Ⅳ. ①TP3-49

中国版本图书馆CIP数据核字(2020)第227445号

著作权合同登记号：26-2020-0097

A Brown Bear Book
Devised and produced by Brown Bear Books Ltd.
Unit 1/D, Leroy House, 436 Essex Road, London
N1 3QP, United Kingdom

Chinese Simplified Character rights arranged through Media Solutions Ltd. Tokyo, Japan
(info@mediasolutions.jp)

01

目 录

Contents

请输入指令!

点击鼠标是给计算机发送指令的一种方式。

如何让计算机按照你的想法做事?

计算机能做很多事情。它们可以算数，可以播放视频，还可以发送信息。但是它们自己不会思考。如果想让计算机做事情，你必须给它明确的指令。

确保准确无误

计算机按照自己的逻辑工作。它按顺序执行命令，并且一次只执行一个命令。我们需要按照它的方式向它发送命令，如果漏掉一个步骤或不按顺序输入，计算机就猜不出我们想让它做什么。

有些家庭有智能助手，能听懂语音指令并做出反应。

你让智能助手播放音乐或查询某件事的时候，就是在向它发送指令。

01

算法和程序

计算机通过算法完成任务。

“算法”可能听起来比较复杂，但它其实就是完成工作需要遵循的一串规则。蛋糕的烹饪方法是一种算法，组装玩具或者制作模型的说明也是一种算法。

舞蹈步伐有特定的顺序，算法也有特定的顺序。

计算机算法可以帮助科学家跟踪和预报天气。

计算机程序

算法会告诉计算机如何使用数据。我们必须把算法转换成计算机程序。也就是说，要把算法放到计算机语言（计算机可以理解的语言）环境中。

进行网络搜索时，搜索引擎会使用复杂的算法帮你匹配最佳结果。

最早的程序

人们花了很长时间才弄清如何编写计算机程序。

19 世纪，有一位发明家可以给织布机编程。这位发明家在卡片上穿孔，然后把穿了孔的卡片插入机器。机器“读取”卡片上的信息后，能在布上织出复杂的花纹。

装有穿孔卡片的织布机可以很快、很轻松地织出漂亮的布匹。

穿孔卡片

20 世纪 50 年代，早期的计算机也使用穿孔卡片。当时，穿孔卡片是储存计算机文件和计算机程序的唯一方法。一个计算机程序可能占用一整套穿孔卡片。

储存计算机程序的穿孔卡片的顺序必须正确无误。

计算机穿孔卡片是由专门的机器制作而成的。

程序的类型

计算机的每一项工作，都有相应的程序告诉它如何去完成。

有些程序属于计算机的基本系统。它们控制计算机，确保计算机各个部件协同工作。其他程序可以以后再安装。每一个程序都能完成特定的工作，有的可以编辑音乐文件，有的可以处理数字。

计算机程序可以控制机器人的动作。

语句

所有类型的计算机程序都要使用语句。一个语句就是一条命令，例如“打印”或“输入”。计算机程序把几个语句放在一起就形成一条指令。计算机会执行每个命令。

计算机从程序中的第一条语句开始执行，然后按顺序执行后面的语句。

一个计算机程序就像一本书，不按顺序阅读，就没有意义。

01

什么是应用程序？

动画应用可以帮助制片人创作令人兴奋的场景。

提到计算机程序，你首先想到的很可能是应用程序。

电子表格、游戏、浏览器、日历和编辑程序都是应用程序。人们每天的工作、娱乐都会使用它们。计算机上不同的应用程序执行不同的工作。

地图应用会调用手机的定位系统，显示你的位置。

迷你计算机

智能手机和平板电脑属于小型计算机。它们也可以运行应用程序。人们通常把这些应用程序叫作“应用”。需要运行应用时，就在主屏幕上点击它的图标。你可以通过应用来购物、查询火车时间、玩游戏或编辑照片。

应用可以调用手机的内置功能（例如相机）。

{ }

01

操作系统

无论什么计算机，最重要的程序都是操作系统。

操作系统管理着其他各种应用程序。它可以启动其他应用，还要控制它们与计算机不同部件（比如键盘或鼠标）之间的交互。

操作系统管理其他应用程序，就像餐馆里的主厨管理其他厨师一样。

用户界面

人们通过“用户界面”与计算机进行交互。你在屏幕上看到的图标、窗口和菜单都属于用户界面。你可以通过用户界面储存和访问文件。用户界面是操作系统的一部分。

操作系统控制帐户和密码，确保数据安全。

有了用户界面，人们可以更方便地管理文件和应用程序。

什么是编程？

我们每天使用计算机程序，编写这些程序的人是程序员。

计算机程序由代码组成。代码是组成指令的单词和数字。编程就是编写代码，编程必须使用计算机可以理解的代码。我们通过编程来制作计算机程序。

在编写代码时，通常会在计算机上键入指令。

编程规则

要让程序正常运行，就要让代码遵循特定的规则，必须使用计算机可以识别的语言，必须有正确的顺序，不能要求计算机做不可能完成的事情。

1843 年，一位名叫阿达·勒芙蕾丝的女士编写出了最早的计算机程序。

计算机代码需要按照顺序编写，就像做蛋糕要按照食谱顺序操作一样。

“1”和“0”

让计算机执行指令，首先要确保计算机能理解代码。

电脑不懂英语，也不懂法语或中文。计算机只能识别电信号。电信号有两种状态，一种是“开”，另一种是“关”。

你说什么语言都没关系，因为计算机只能识别电信号。

所有计算机代码都会变成一长串的“1”和“0”。

二进制

信息转换为一长串“1”和“0”之后才能被计算机识别。这就是二进制。“1”代表“开”，“0”代表“关”。计算机读取代码时，会自动把字母和数字转换成二进制。

对计算机来说，“01001000”表示“H”，“01001001”表示“I”。

计算机语言

程序员不用“1”和“0”编写程序，他们用计算机语言编写程序。

计算机语言有几百种。和我们的语言一样，每种计算机语言都有自己的单词、术语和符号。它们还有自己的规则，可以把自己的单词、术语和符号组合在一起，让计算机理解指令。

海军上将格蕾丝·霍珀是最早的程序员之一。她发明了一种叫作 COBOL 的计算机语言。

```
"""
A dog controlled by player ...
"""
image = games.load_image("kg.png")

def __init__(self):
    """ Initialize Dog object and create Text o...
    super(Dog, self).__init__(image = Dog.image...
                              x = games.mouse...
                              bottom = games.sc...

    self.score = games.Text(value = 0, size = ...
                            top = 5, right = ga...
    games.screen.add(self.score)
```

Python 和许多其他计算机语言一样，以英语为基础。

选择一种语言

程序员会为项目选择最合适的语言。有些计算机语言适合编写游戏程序。有些计算机语言适合建设网站或编写数据分析程序。有一些复杂的程序可能会使用多种不同的语言。

比较有名的计算机语言有：Swift，HTML，C++，Java 和 Python。

漏洞和修补漏洞

如果程序无法运行，程序员必须查找并修复漏洞。

每个人都会犯错误，有时程序员在编写代码时也会出错。这些错误被称为“漏洞”。找到并修复它们就是“修补漏洞”。漏洞有可能由拼写错误造成，也有可能由代码顺序错误造成。

电脑游戏在投放市场之前要经过大量调试修补。

不要出错！

如果你在写故事的时候写错了一个字或漏掉了一段，老师仍然能明白你的意思。但是计算机做不到这一点。即使是最微小的错误，例如漏掉括号的另一半，也会让计算机程序无法运行。

有一次，科学家在计算机内部发现了一个真正的漏洞——计算机里有一只飞蛾。正是这只飞蛾让计算机停止了工作。

代码编辑程序可以帮助程序员查找并修复漏洞。

准备开始

编写简单的游戏（例如迷宫）程序之前，可以和朋友分享你的想法，这样有利于优化你的编写计划。

入门计算机编程比你想象的要容易！

只要接受一些帮助并且动手练习，任何人都能编写简单的游戏和动画。首先，你要想好希望通过程序做什么事情，然后再思考需要哪些步骤以及需要遵循什么样的顺序。

用 Scratch 语言编写代码既简单又有趣。

Scratch

初学编程时，很多小朋友使用 Scratch 这种简单的语言编写代码。在 Scratch 中，你可以拖放包含代码的语块。把这些语块放在一起，可以组成很多指令，能对字符或其他对象下达命令，这些被叫作“小精灵”。

Kodu 和 Scratch 类似，也是一个简单的编程工具。

01

成为一名程序员

适合程序员的工作很多。

程序员可以做很多工作。他们可以开发新的计算机程序和应用程序，可以设计游戏，也可以建立网站或搭建计算机网络。大多数程序员会专门研究一个领域。他们会成为这些领域的计算机语言专家。

许多程序员从事计算机游戏的开发工作。

计算机安全

有些程序员专门测试计算机程序。他们在代码中寻找弱点并加以修复。如果不修复，那些弱点可能会被黑客利用。黑客是非法闯入计算机系统的人。

学习计算机编程的女生和从事编程工作的女性越来越多。

上课和参加工作室是练习编程和学习新技能的好方法。

小测验

完成小测验，看看你对计算机程序与编程了解多少吧！答案在本书最后一页。

1. 什么是算法？

a. 一种计算机内部的电子部件

b. 计算机工作时需要遵守的各种规则

c. 一种中东地区的辣汤

2. 早期的穿孔卡片有什么用途？

a. 可以自动在布匹上编织图案

b. 可以在选举中投票

c. 可以在餐厅点餐

3. 下面哪个是应用程序？

a. 键盘、屏幕和电缆

b. 苹果、胡萝卜和土豆

c. 游戏、电子表格和浏览器

4. 操作系统是做什么的？

a. 它管理计算机上不同的应用程序

b. 医生不在时它可以自己做手术

c. 当你进入房间时，它会帮你开灯

5. 电脑能理解什么？

a. 德语和西班牙语

b. “1”和“0”

c. 音乐和雕塑

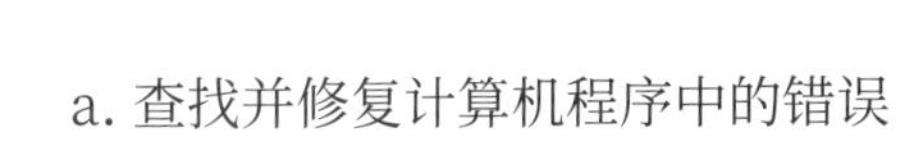

6. 什么是修补漏洞？

a. 查找并修复计算机程序中的错误

b. 清除计算机中的灰尘和沙粒

c. 消灭附近所有的蚊子

7. Scratch 语言为什么简单易学？

a. 它只有十个单词

b. 它有代码语块，可以直接拖动使用

c. 它可以在智能手机上使用

8. 程序员能做什么工作？

a. 在餐厅厨房里管理厨师

b. 发送秘密信息

c. 开发新游戏和应用

索引

小测验答案

1.b 2.a 3.c 4.a 5.b 6.a 7.b 8.c

我的第一套计算机启蒙书

网络与互联网

[英] 南希·迪克曼 著　武黄岗／郭东波 译

1010101
10101

</>

甘肃科学技术出版社

图书在版编目（CIP）数据

我的第一套计算机启蒙书．3，网络与互联网 /（英）南希·迪克曼著；武黄岗，郭东波译．-- 兰州：甘肃科学技术出版社，2020.12
ISBN 978-7-5424-2557-7

Ⅰ．①我… Ⅱ．①南… ②武… ③郭… Ⅲ．①计算机网络－少儿读物 Ⅳ．① TP3-49

中国版本图书馆 CIP 数据核字（2020）第 227441 号

著作权合同登记号：26-2020-0097

Devised and produced by Brown Bear Books Ltd.
Unit 1/D, Leroy House, 436 Essex Road, London
N1 3QP, United Kingdom

Chinese Simplified Character rights arranged through Media Solutions Ltd. Tokyo, Japan
(info@mediasolutions.jp)

目录

Contents

连接计算机

计算机的效率非常高，多台计算机一起运行可以完成更多工作！

使用计算机可以创建并存储信息。照片、日记、报告和视频都是计算机可以存储的数据。如果你想与朋友分享其中一份文件，该怎么办呢？

你可以使用智能手机、平板电脑和计算机来分享信息。

传送出去！

你可以让朋友在你的计算机上查看照片，但更简单的做法是将照片发送到她的计算机上，这样她可以随时查看照片。利用计算机，我们每天都可以分享各种文件。

在网络上发布信息就是一种分享信息的方式。

医生可以用计算机分享有关患者的信息。

01

什么是网络？

网络指的是多台相互连接的计算机共同运行。

网络可大可小。学校可以为学生使用的计算机建立网络。一家大公司可以为公司里的所有员工建立庞大的网络。一些超大的计算机网络可以覆盖全球。

网络中的计算机可以共享文件，也可以共用一台打印机。

任何一种设备要连接互联网，都需要一个IP地址（网际协议地址），即便是婴儿监视器也需要IP地址。

IP是Internet protocol的缩写形式。

你的地址是什么？

网络中的每台计算机都需要一个“地址”。这样的话，网络中的其他计算机就可以识别这台计算机，然后给它发送信息。计算机的地址叫作“IP地址”，它由一串数字和字母组成，中间用点号分开。

01

网络类型

计算机网络类型各异，大小不同。

最简单的网络类型是个人域网（PAN）。你家里可能就有个人局域网。手机、平板电脑、笔记本电脑和打印机都可以连接个人局域网。有一种设备叫作路由器，它可以将这些设备都连接起来。所有设备共享相同的IP 地址。

没有路由器，家里的设备就无法相互连接。

广域网

局域网（LAN）可以短距离连接计算机。这些计算机必须在同一幢建筑物或附近的建筑物中。要想连接更远的计算机，需要广域网（WAN）。如果一家公司在两个城市设有办事处，那么它可以用广域网来连接计算机。

有一种工具叫作调制解调器，可以实现网络与互联网之间的通信。

在机场，共享航班信息的大屏幕是与网络相连的。

传输信号

信号如何从网络中的一台计算机传输到另一台计算机呢?

小型网络中的计算机通常通过以太网电缆连接。电缆内部有多股细铜线。电信号通过这些铜线传输，传输速度非常快。塑料外层可以保护纤细的铜线。

所有以太网电缆的末端都有相同类型的连接器。连接器可以插入任何一台计算机。

无线网络

有些网络使用无线电波传输信号，不用电线或电缆。这些看不见的电波可以在空气中传输。无线路由器可以将信号传输大约 30 米远。此范围内的设备都可以接收信号。

任何一个连接网络的设备都叫作“节点”。

有了无线网络，你就可以将笔记本电脑从一个房间拿到另一个房间，不会失去信号。

互联网

互联网可以进入太空！国际空间站上的宇航员也可以连接互联网。

最大的计算机网络可以覆盖全球，我们称之为“互联网”。

全世界有数十亿人在使用互联网。设备可以通过电缆连接互联网，也可以无线联网。它们还可以使用来自手机信号发射塔甚至太空卫星的信号。互联网服务提供商（ISP）可以将网络连接到互联网上。

船舶在海底铺设电缆，以连接各个大陆的计算机。

遵守规则

要想使世界各地的计算机相互通信，就必须遵循相同的规则。例如，网站地址必须采用某种格式。电子邮件地址也是如此。这些规则被称为“协议”。连接互联网的计算机必须遵循这些协议。

鲨鱼有时会撕咬破坏海底的互联网电缆。

什么是网站？

我们在讨论“上网”时，指的是浏览不同的网站。

网站指的是可以通过互联网访问的页面。有些网站提供新闻或其他信息，例如天气预报；有些网站可以买卖东西或分享照片；还有些网站可以预订音乐会门票、电影票或机票。

许多网站采用相同的设计，网站顶部有标题式横幅广告。

在网页上

浏览网站时，你看到的第一页叫作主页。主页上有许多其他网页的链接。主页上的菜单可以帮助你找到正确的页面，就像使用目录或索引来查找书籍中的信息一样。

你需要一个计算机程序（即浏览器）才能连接网站。

人们使用 HTML 这种计算机语言来建立网站。

服务器

你可以访问全世界的网站。这些网站存储在哪里呢?

这些组成网站的文件都存储在一台专门的计算机上。这台计算机叫作网络服务器。不管服务器在哪里，任何其他计算机都可以通过互联网连接到服务器上。网络服务器可能在你家的隔壁或者在另一个国家。

服务器的机架通常放在被称为“服务器农场”的建筑物里。

发送请求

当你在浏览器中输入网站地址时，服务器会将输入的网址与 IP 地址匹配。你的浏览器可以通过这个 IP 地址连接服务器，它会发送对所需文件的请求，服务器发送文件，然后文件就会出现在你的计算机屏幕上。整个过程大约一秒钟！

服务器可以为其他计算机（即客户端）提供服务。

网络服务器组成的网络可以让你获取全世界的信息。

01

发送电子邮件

如果你想给朋友发信息，为什么不用电子邮件呢?

人们过去使用信纸写信，然后通过邮政邮寄出去。寄信需要几天或几周的时间。现在我们可以写一封电子邮件，然后点击“发送”即可。电子邮件几秒就可以发送出去，即便是发送到世界各地。

电子邮件是与亲朋好友保持联系的快速而简便的方法。

电子邮件程序可以让你的信息井井有条。

用户名

域名

jane.smith @ email.com

电子邮件地址

一个电子邮件地址中包括用户名和域名，用“@”符号分隔。许多不同的地址可以共享相同的域名。域名就像一栋公寓，每个用户名就像一间单独的房间。

电子邮件由文本组成，但你也可以附上一些照片或其他文件。

移动网络

通过互联网和智能手机，你可以随时随地查看电子邮件和天气预报。

就在不久以前，你还需要在家里或办公室里才能使用计算机来访问互联网。现在就容易得多，智能手机、平板电脑和一些笔记本电脑在哪里都可以连接互联网。这些设备可以与手机使用相同的无线系统。

移动网络可以让你发送和接收电子邮件、访问网站和分享视频。

手机信号发射塔在城镇随处可见。

发送和接收

移动网络由可以发送并接收信号的信号塔组成。拨打电话时，你的电话信号会被最近的信号塔接收。它会将信号发送到离你呼叫的人最近的信号塔。这些信号塔还可以用相同的方式发送其他类型的数据。

在移动网络中，信号以电波的形式在空气中传输。

云计算

如果你可以从任何地方查找文件，那岂不是很棒？不过，你现在就可以！

比如，某人早上在笔记本电脑上写了一封信。后来他想再看这封信，但是现在他身边只有手机，没有笔记本电脑。多亏了“云”，这不成问题。

许多人家里都有好几台设备。这些设备都可以使用“云”来获取相同的文件。

在“云”端

在常规计算中，文件和程序存储在计算机的硬盘里。在云计算中，文件和程序存储在连接互联网的服务器上。无论你在哪里，都可以通过任何设备访问这些文件和程序。

即使计算机损坏了，存储在云中的文件也是安全的。

无论你在哪里，只要连接互联网，都可以听存储在云中的音乐文件。

黑客与病毒

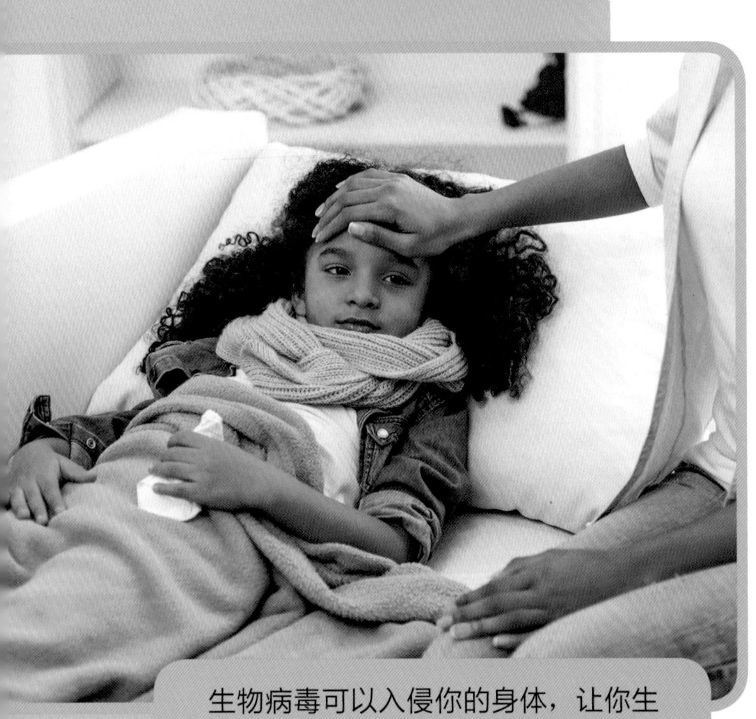

生物病毒可以入侵你的身体，让你生病。计算机病毒会入侵你的计算机，损坏计算机。

计算机网络非常有效，但是也存在风险。

如果你的计算机连接了互联网，它可能会下载有风险的程序，即病毒。病毒会损坏你的计算机。它可能来自可疑的电子邮件，也可能是你点击了错误链接下载了它。

网址旁边的挂锁图标通常表示该网站可以安全访问。

入侵

一些犯罪分子利用互联网入侵计算机网络。他们想窃取信息，例如银行或信用卡的信息。这些人被称为“黑客”。计算机和互联网公司都会努力确保它们的网络安全，所以黑客一般无法入侵。

“防火墙”是阻止人们进入计算机网络的程序。

安全上网

你知道使用互联网时如何确保安全吗？

互联网太神奇了！它可以把你与世界各地的人们联系起来。但有些人并不是他们声称的那个样子。千万不要透露自己的全名或地址，也不要安排与网上认识的人见面。

父母或负责的大人要知道你在访问哪些网站。

保护你的数据

你的计算机和文件也需要保护。要删掉陌生的人或公司发给你的电子邮件。除非你信任发送这些文件的人，否则千万不要点击链接或打开文件。

大多数垃圾电子邮件只是很烦人，但有些电子邮件可能很危险。

如果你担心网上发生的事情，要向你信任的大人求助。

小测验

完成小测验，看看你对网络与互联网了解多少吧！答案在本书最后一页。

1. 什么是网络？

a. 网络是一种捕捉蝴蝶的工具

b. 网络是多台计算机可以连接起来

c. 网络是共享照片的网站

2.IP 是什么的缩写？

a.Internet Protocol

b.International Police

c.Invisible Pineapple

3. 网站主页上的菜单有哪些用途？

a. 它们可以帮助你选择要连接的网络

b. 它们可以帮助你在网站上找到正确的网页

C. 它们可以帮助你决定晚餐要吃什么

4. 什么是网络服务器？

a. 网络服务器是一种南美蜘蛛

b. 网络服务器是一根连接两台计算机的电缆

C. 网络服务器是一台可以存储网站的功能强大的计算机

5. 电子邮件地址的最后一部分叫什么？

a. 域名

b. 用户名

C. 昵称

6. 信号如何在移动网络中传输？

a. 在小苍蝇的背上传输

b. 以看不见的无线电波形式传输

C. 通过铜线传输

7. 如何将照片和音乐文件保存在云中？

a. 将它们存储在连接互联网的服务器上

b. 将它们存储在手机上

C. 将它们挂在气球上，让它们飘浮在天空中

8. 黑客是做什么的？

a. 黑客帮你建立家庭网络

b. 黑客潜入办公大楼偷电脑

C. 黑客入侵计算机网络以窃取信息

索引

小测验答案

1.b　2.a　3.b　4.c　5.a　6.b　7.a　8.c

我的第一套计算机启蒙书

机器人与人工智能

［英］南希·迪克曼 著　　武黄岗／郭东波 译

1010101 </>
10101

图书在版编目（CIP）数据

我的第一套计算机启蒙书．4，机器人与人工智能 /（英）南希·迪克曼著；武黄岗，郭东波译．-- 兰州：甘肃科学技术出版社，2020.12
ISBN 978-7-5424-2557-7

Ⅰ．①我… Ⅱ．①南… ②武… ③郭… Ⅲ．①机器人－少儿读物②人工智能－少儿读物 Ⅳ．① TP3-49 ② TP242-49 ③ TP18-49

中国版本图书馆 CIP 数据核字（2020）第 227452 号

著作权合同登记号：26-2020-0097

A Brown Bear Book
Devised and produced by Brown Bear Books Ltd.
Unit 1/D, Leroy House, 436 Essex Road, London
N1 3QP, United Kingdom
Chinese Simplified Character rights arranged through Media Solutions Ltd. Tokyo, Japan
(info@mediasolutions.jp)

我的第一套计算机启蒙书（全 4 册）

［英］南希·迪克曼 著
武黄岗 郭东波 译

责任编辑 韩 波
封面设计 余 叶

出 版 甘肃科学技术出版社
社 址 兰州市读者大道 568 号 730030
网 址 www.gskejipress.com
电 话 0931-8125103（编辑部）0931-8773237（发行部）
京东官方旗舰店 https://mall. jd. com/index-655807.html

发 行 甘肃科学技术出版社
印 刷 雅迪云印（天津）科技有限公司
开 本 889mm × 1194mm 1/16
印 张 8 字 数 80 千
版 次 2021 年 1 月第 1 版
印 次 2021 年 1 月第 1 次印刷
书 号 ISBN 978-7-5424-2557-7
定 价 98.00 元（全 4 册）

目录

Contents

什么是机器人？

很多工厂里都有机器人在工作。

电影中出现了许多机器人，可是现实生活中有机器人吗？

机器人是一种特殊的机器。给机器人编写程序后，它就可以工作了。我们给机器人输入指令，它会按照指令工作。机器人知道该怎么完成工作。

我们身边的机器人

你可能早已见过应用中的机器人了：扫地机器人清洁地毯；杂货店的自助结账通道使用机器人；自动驾驶汽车也是一种机器人；甚至还有你能自己编写程序的机器人玩具。

日本工程师制造出了可以切菜、摊煎饼的机器人。

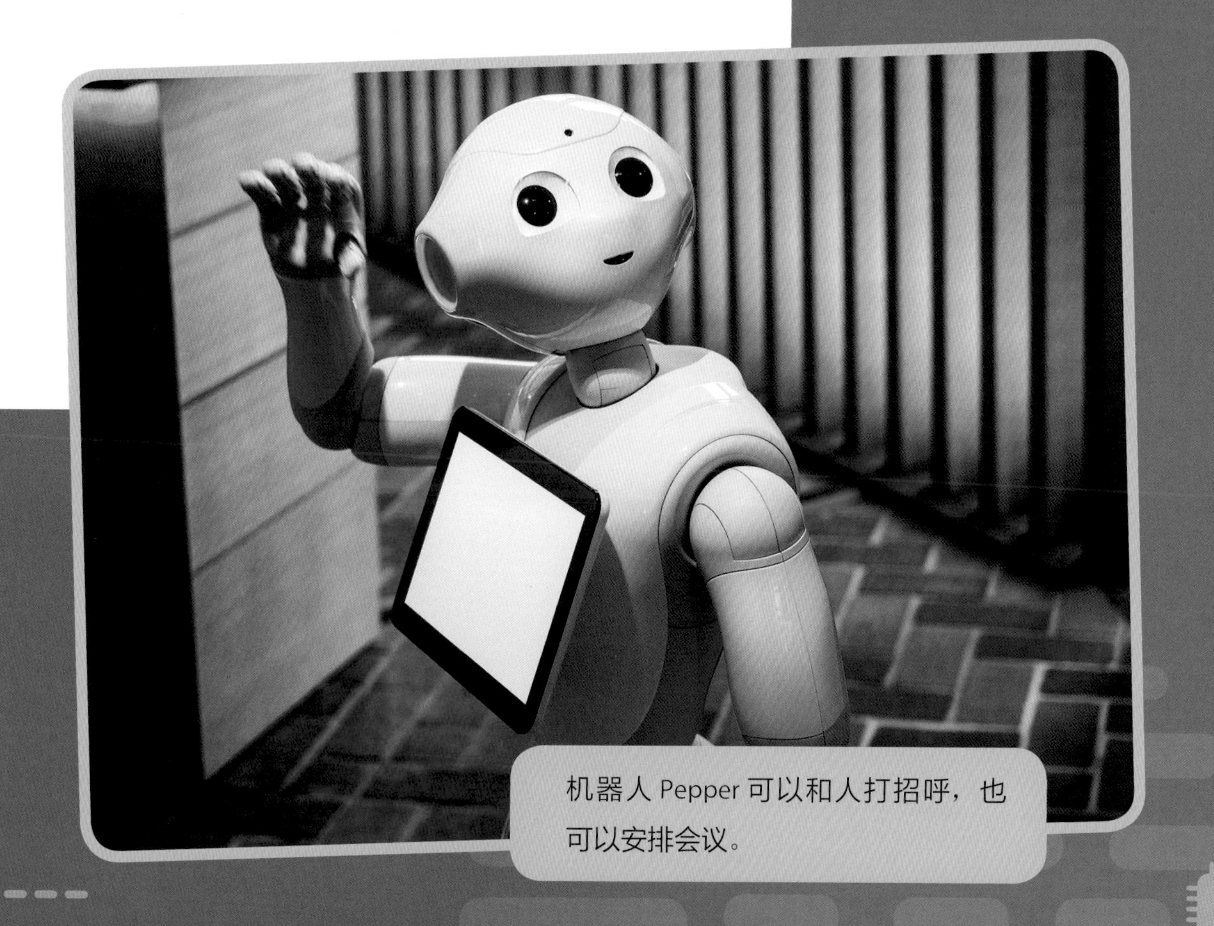

机器人 Pepper 可以和人打招呼，也可以安排会议。

机器人的工作

机器人对某些工作很擅长，对其他工作不太擅长！

机器人不太擅长写故事或进球计分。不过，它们非常擅长做一些简单的重复性工作。例如，机器人可以给新车拧紧螺丝，它可以整天拧螺丝而不觉得无聊。

机器人可以反复做同样的工作，不觉得疲倦，也不会出错。

机器人可以做一些脏脏的工作，例如检查下水道是否漏水或堵塞。

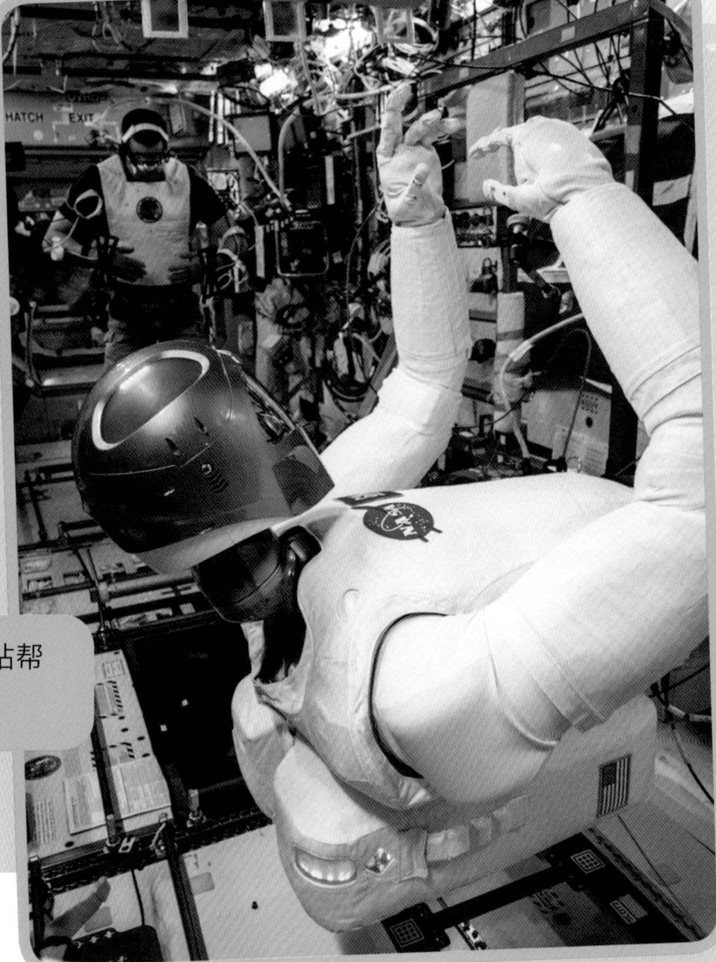

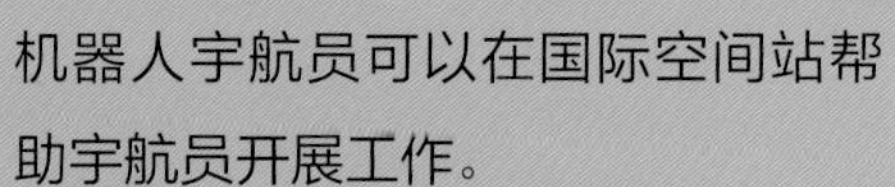

机器人宇航员可以在国际空间站帮助宇航员开展工作。

危险的工作

有些工作对人类来说太危险，但是机器人可以完成。机器人可以深入海洋寻找沉船或其他物体，也可以进入有可能藏着炸弹的建筑物。

感应

机器人比烤面包机更复杂，它可以对周围环境做出反应。

给机器人编写好程序，它才可以工作。不过，若要工作，机器人就要做出自己的决定。这些决定是基于它接收的信息而做出的。所以机器人必须能够感知周围的环境。

你指挥一辆遥控车到达准确地点。它并未做出自己的决定，所以它不是机器人。

传感器

机器人身上装有传感器。传感器可以获取有关周围环境的信息。相机就是一种传感器。还有一些传感器可以感应光、温度、压力或移动。

有些传感器利用激光脉冲“感知”附近的物体。

自动驾驶汽车利用传感器追踪道路标记，与其他车辆保持安全距离。

制订计划

机器人收集完信息后，就可以计划下一步的工作了。

许多机器人都内置了可以处理信息的计算机。计算机从机器人的传感器中获取信息，并利用这些信息来描绘周围的环境。

火星探测器上装有各种传感器，所有传感器都会将信息发送给计算机。

运行程序

机器人体内的计算机可以找到最佳方法来执行任务。如果机器人体内的传感器显示有物体阻挡，它可以改变路线以避开障碍物。如果传感器显示机器人过热，它就会打开风扇。

象棋机器人可以观察对手的走棋，然后找出最佳的应对方法。

扫地机器人感知到有家具阻挡时，就会改变路线。

开始行动！

机器人制订好计划后，就会立刻行动。

机器人行动的方式可以有很多种。有些机器人在轨道上行走或滚动；有些机器人的手臂上有钳子，可以捡东西；还有些机器人可以爬行或飞行。机器人需要合适的工具才能执行任务。

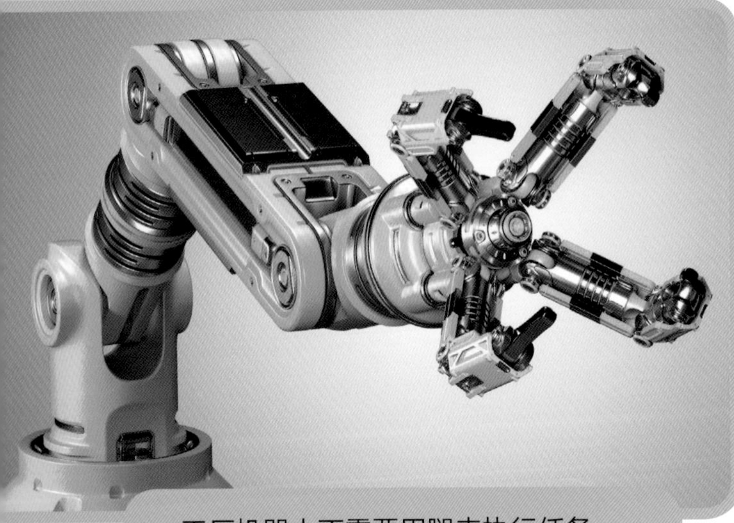

工厂机器人不需要用腿来执行任务，只需要一条手臂就可以钳住工具了。

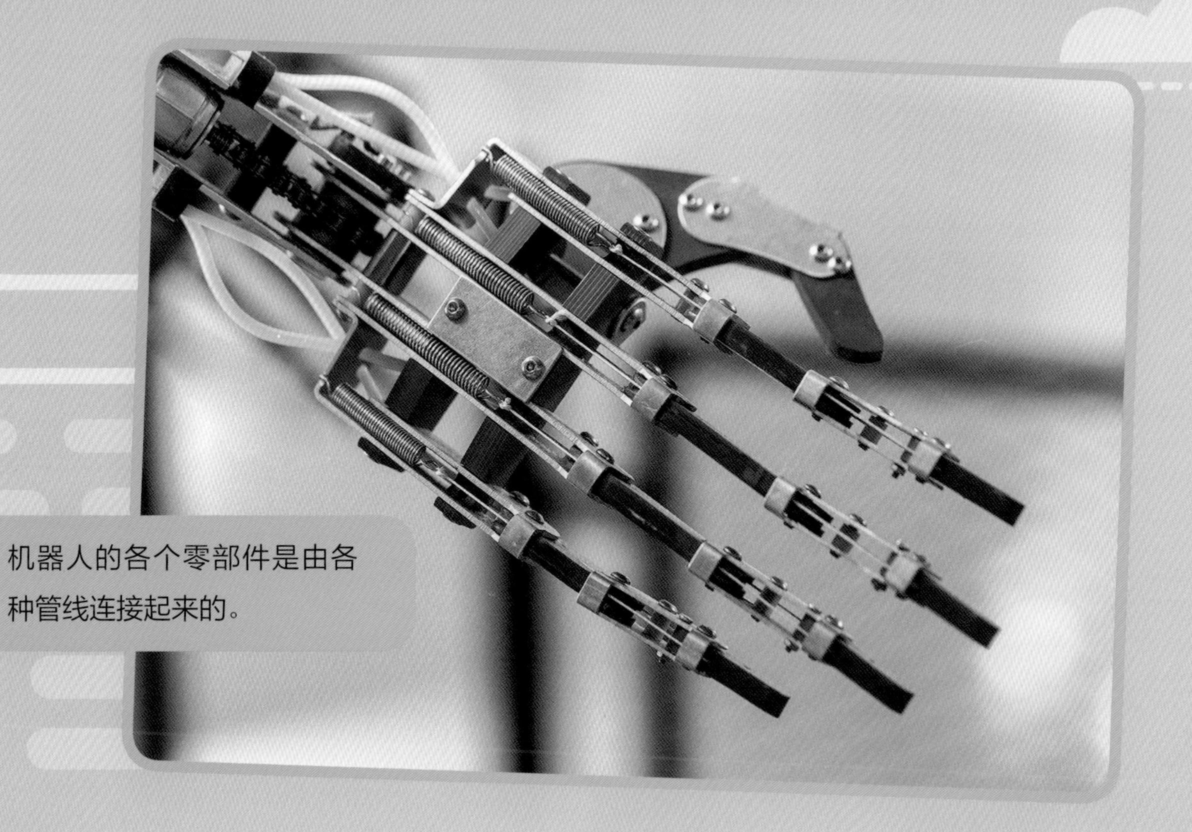

机器人的各个零部件是由各种管线连接起来的。

机器人的零部件

机器人的身上装有助其移动的机械零部件。许多机器人都装有电机和活塞。它们还装有齿轮以调整移动的方式。许多机器人是由电池驱动的。

在一些医院，机器人可以为患者计数药片，装药入瓶，并贴上标签。

机器人科学

设计并制造机器人要花很多功夫！

机器人科学属于科技领域，涉及设计、制造和操作机器人。工程师们需要各种技术来制造机器人。他们通常采取团队合作，每位工程师负责一个不同的领域。

团队合作是分享有关机器人想法的最佳途径。

制造机器人

机器人设计师会思考他们希望机器人做什么工作。他们会设计机器人的外观，安装各种传感器，编写需要机器人执行的程序，然后测试机器人，再想办法加以改进。

机器人工程师设计出了蛇形机器人，它们可以进入狭窄的空间。

机器人“大狗”有四条腿，可以在崎岖不平的地面上搬运重物。

01

人形机器人

多数人想到机器人时，会想到一种像人一样的机器人。

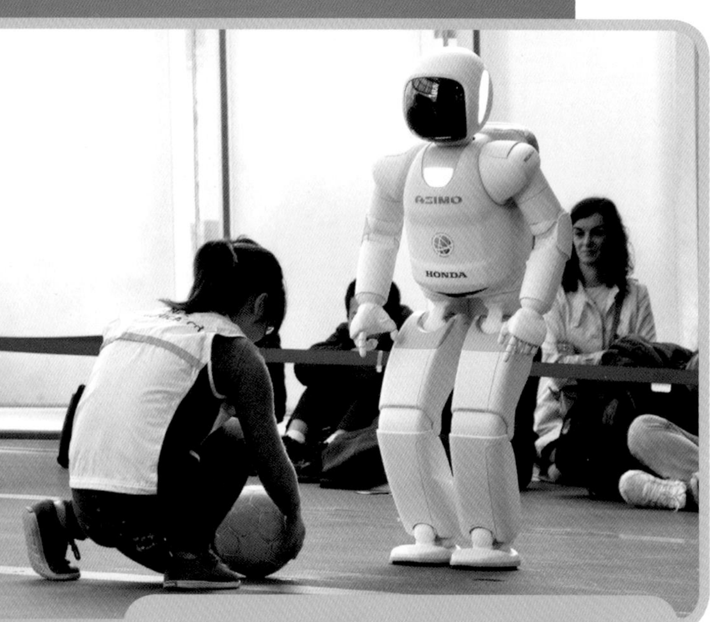

机器人“阿西莫”会走路，还会踢足球。

看起来像人类的机器人叫作“人形机器人”。有的人形机器人仅仅是外形像人类，有两条腿和两只手臂。有的人形机器人外表是塑料“皮肤”，看起来像真人。

有多像人类呢？

有些人更愿意与人形机器人互动。有些人觉得人形机器人很恐怖。无论人形机器人有多么像我们，它也不是人类，没有任何情感。

制造用两条腿走路的机器人很难，但是给机器人装上轮子就简单多了！

要制造出能像人一样微笑、皱眉的机器人，需要安装许多微型电机。

01

什么是人工智能？

学习新知识，牢记新知识，才可以应用新知识。

机器人能像人类的大脑一样思考和学习吗?

智能就是思考、学习和解决问题的能力。如果机器可以做这些事情的话，人们就称之为人工智能（AI）。可以从经验中学习的计算机是智能的，反复遵循相同程序的计算机就不是智能的。

机器人利用人工智能（AI）可以识别人和物体。

智能机器人

计算机非常擅长快速检索数据和计算。利用人工智能，计算机可以将这些技能应用到其他领域。有些机器人可以进行人脸识别或玩游戏，比如下象棋。

有些报社的计算机可以利用人工智能撰写体育报道。

机器学习

你可以自己解决问题，计算机可以吗？

你学习时会了解到很多事实。你要倾听、观察，在大脑里把这些事实联系起来，然后牢牢记住。例如，如果你品尝了一种新的食物，但却并不喜欢它，那么下次再碰到这种食物时，你的大脑就会想起这件事，然后提醒你要拒绝它。

你可以凭借经验学会如何在城市里安全出行。

望远镜从太空收集数据。计算机分析数据的速度比人类更快。

寻找模型

有些计算机以相同的方式学习。程序员在计算机中输入大量数据，例如望远镜观察太空时读取的数据。计算机可以学习寻找模型。计算机运行得越多，表现得就越好。我们称之为机器学习。

有些最受欢迎的互联网搜索引擎是由机器学习提供支持的。

虚拟助手

在有些家庭，只要跟计算机说一声，就可以开灯或订购食品！

你使用过虚拟助手吗？虚拟助手可以是“智能音箱”，听到你的声音，执行你的命令。很多智能手机上也有虚拟助手程序。这些程序连接到互联网，就可以查找信息了。

你可以在出门前向虚拟助手询问天气预报。

虚拟助手是如何工作的?

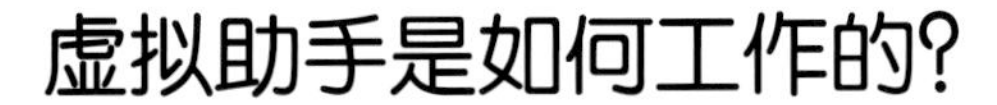

虚拟助手可以识别人类语音。你说话的时候它就“苏醒”了。然后，你可以要求它播放音乐或往购物清单上添加商品。虚拟助手也可以打开制热系统或寻找菜谱。

公司会给虚拟助手取名字，比如 Siri 或 Alexa，以使它们看起来更真实。

虚拟助手可以连接各种设备，例如电视机或立体音响。

01

智能设备

不仅机器人和计算机可以是“智能的”，家用电器也可以是“智能的”。

智能设备是要连接到互联网或家庭网络的。你可以通过语音或手机上的应用程序控制智能设备。有了智能设备，即使你不在家，也可以开灯、关灯或者看看谁在门口。

智能门铃带有摄像头，可以把访客的图像发送到你的手机上。

智能恒温器省钱而且节能。

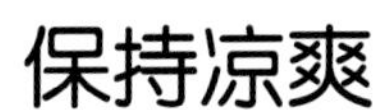

保持凉爽

智能恒温器可以追踪你的日常活动和能量消耗。它会根据你是否在家、是否休息来自动调节温度。它可以充分利用制冷和制热系统。

有了智能摄像机，当你身处杂货店时也可以通过手机偷看冰箱里面的东西！

分辨不同

你见到机器人时，很容易分辨出它不是人类。

工程师可以制造出行为几乎和人一样的机器人，你能分辨得出吗?

在线聊天中，你能分辨出与你聊天的是人还是机器人吗？计算机越来越善于模仿真实的人。这些人工智能可以利用机器学习来学习真实的人是如何说话和做出反应的。

图灵测试

艾伦·图灵协助开发了早期的计算机。1950 年，图灵提出一种测试，可以判断计算机能否成功模仿人类。科学家们认为，目前尚未有计算机通过这种测试，但很快就会有了。

电影里的机器人会欺骗人类，让人类以为它们是真实的。目前为止，这样的机器人只是虚构出来的。

你在网上聊天时是很难分辨出对方是机器人还是真实的人。

小测验

完成小测验，看看你对机器人与人工智能了解多少吧！答案在本书最后一页。

1. 机器人为什么擅长重复性工作呢？

a. 因为机器人可以从它们所犯的错误中学习

b. 因为机器人不觉得疲倦或厌烦

c. 因为机器人不够聪明

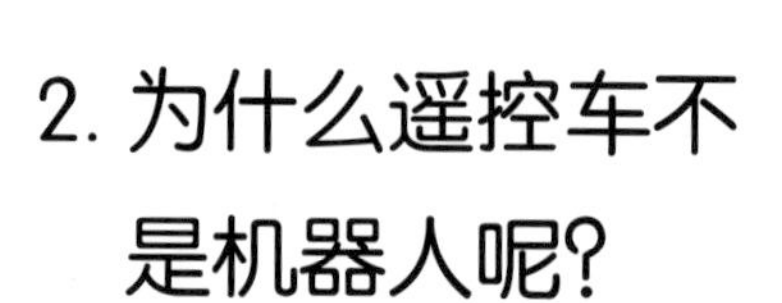

2. 为什么遥控车不是机器人呢？

a. 因为遥控车自己不会做决定

b. 因为遥控车依赖电池

c. 因为遥控车没有手臂和腿

3. 传感器能做什么？

a. 传感器能教空手道

b. 传感器能制造机器人和其他机器

c. 传感器能接收周围环境的信息

4. 机器人体内的计算机能做什么？

a. 接收信息，然后制订计划

b. 像真实的人一样行动

c. 帮你订外卖

5. 为什么有的机器人像蛇一样行动？

a. 因为蛇形机器人看起来很酷

b. 因为蛇形机器人可以进入狭小的空间执行任务

c. 因为设计师忘记了给机器人设计腿

6. 什么是人形机器人？

a. 人形机器人是一种热带鱼

b. 人形机器人是测量温度的传感器

c. 人形机器人是看起来像真人的机器人

7. 什么是人工智能？

a. 人工智能是一种像人类大脑一样可以思考和解决问题的机器

b. 人工智能是一种给机器人编写程序的语言

c. 人工智能就是假装知道自己在说什么，但其实毫无头绪

8. 计算机怎样可以通过图灵测试？

a. 每秒处理 100 万个指令

b. 让人相信它是真人

c. 让你的家里保持恒温

索引

小测验答案

1.b　2.a　3.c　4.a　5.b　6.c　7.a　8.b